과학커뮤니케이터 수소가 들려주는 과학 이야기

수평잡기
의
원리

이정원 지음

휴페리온

과학커뮤니케이터 수소가 들려주는 과학 이야기
수평잡기의 원리

초판 발행 2025년 9월 20일

지은이 이정원
펴낸 곳 휴페리온
ISBN 979-11-992784-2-4
판형 및 쪽수 210×297mm 38쪽
값 15,900원   **사용연령** 10세 이상
제조국명 대한민국   **제조연월** 2025년 9월
출판사 등록번호 제 2025-000060 호
주소 경기도 수원시 영통구
연락처 jgs8115@naver.com

ⓒ 2025 이정원. All rights reserved.

이 책의 글은 저작권법에 따라 보호받는 창작물이며, 그 저작권은 저자에게 있습니다.
그림은 저자가 직접 제작한 삽화와, Midjourney 인공지능(AI) 도구를 활용해 프롬프트를
여러 차례 세밀하게 조정하여 생성한 이미지로 구성되어 있습니다.
또한 최종 이미지는 저자가 직접 편집과 보정을 거쳐 완성하였습니다.

Midjourney의 이용 약관에 따라 상업적 사용이 허용된 범위 내에서 해당 이미지를 사용하였습니다.
본 도서의 모든 내용은 저작권자의 허락 없이 복제, 배포, 전송, 전시 또는 2차적 저작물로 사용할 수 없습니다.

여러분, 시소를 타본 적이 있나요?

시소를 탈 때 몸무게가 비슷한 친구끼리 탈 때는

시소의 중심에서 비슷한 거리만큼 떨어진 곳에 앉습니다.

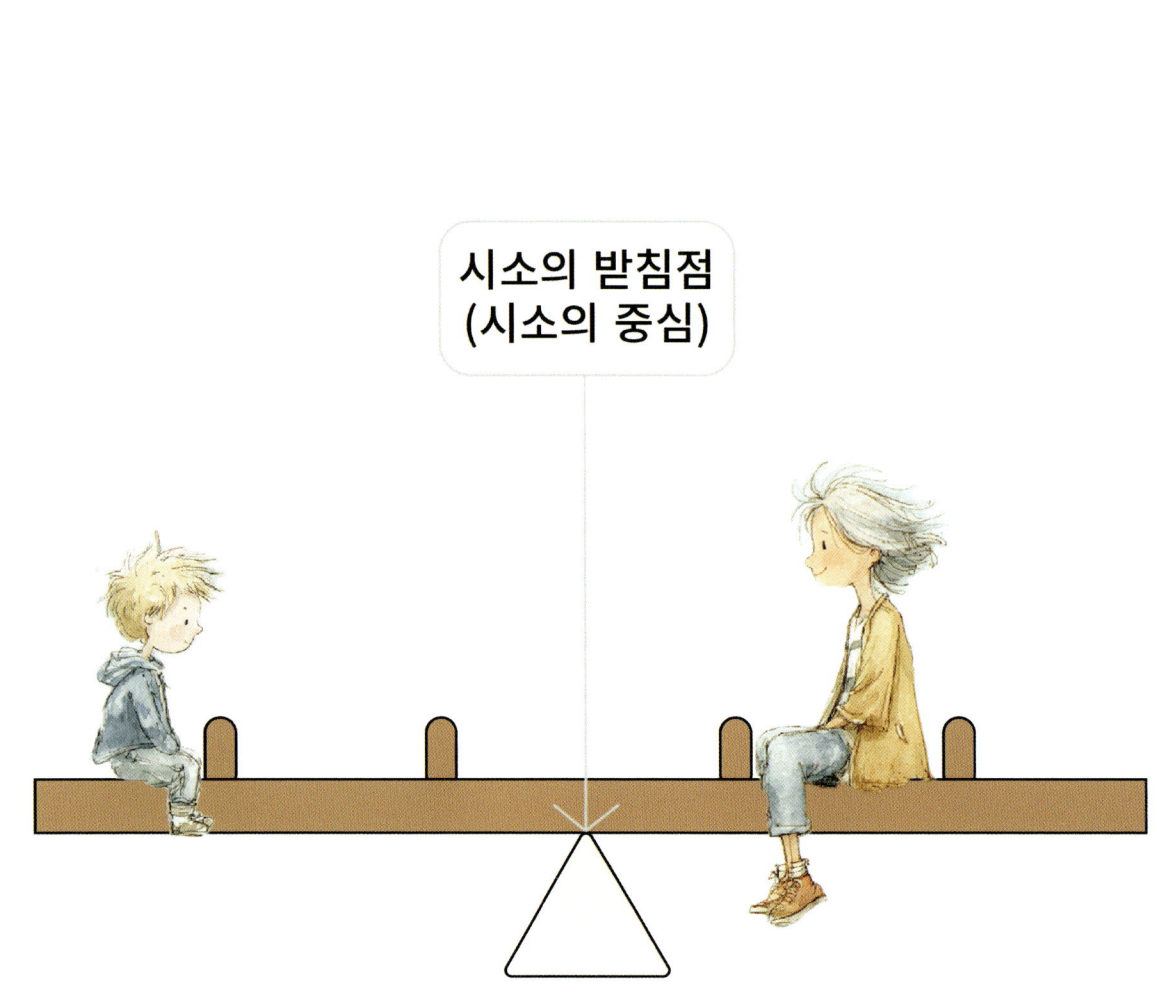

어린 아이와 부모님이 시소를 탈 때는 어떤가요?

어린 아이는 시소의 중심에서 먼 끝에 타고,

부모님은 시소의 중심에 가까운 곳에 타지요?

그래야 균형이 맞으니까요.

시소를 받쳐주는

받침점의 중심에서 **거리** 와 **힘**(시소에서는 몸무게로 누르는 힘)

을 곱한 값이 양쪽이 같을 때 양 쪽은 균형을 이룹니다.

균형이 어긋나면 한쪽으로 움직입니다.

이를 **수평잡기의 원리**라고 하지요.

즉, 양쪽의 **'거리 × 힘'**이 같으면 수평을 이룹니다.

몸무게가 가벼운 아이는 몸무게로 누르는 힘이 작아서

받침점에서 거리가 긴 시소의 끝에 앉고,

몸무게가 아이보다 무거운 어른은 몸무게로 누르는 힘이 커서

받침점에서 거리가 짧은 시소의 앞에 앉습니다.

아이의 **'긴 거리 × 작은 힘'** = 어른의 **'짧은 거리 × 무거운 힘'**

으로 같아 균형을 맞춰 재미있게 시소를 탈 수 있지요.

시소를 탈 때처럼,

'거리 × 힘'이 같으면 수평을 이루는 **수평잡기의 원리를 이용**

하여 힘을 주어 물체를 움직이게 하는 도구를 '지레'라고 합니다.

지레는 어른과 시소를 탈 때처럼,

'작은 힘으로 무거운 물체를 움직이게 할 때' 많이 사용됩니다.

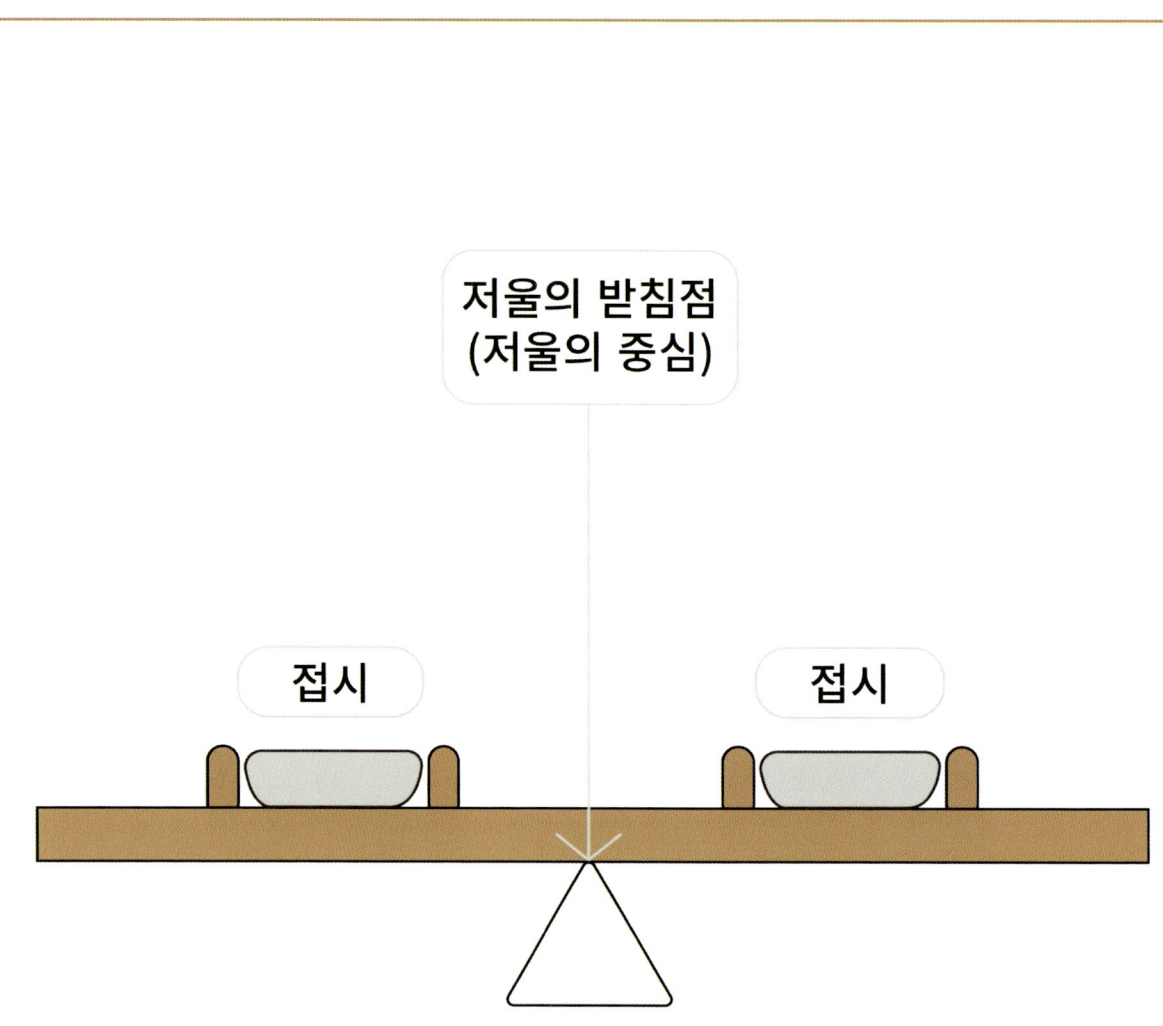

질량을 잴 때 사용하는 양팔저울과 윗접시저울은 수평잡기의 원리를 이용합니다.

저울의 중심에서 저울의 양쪽 접시는 같은 거리만큼 떨어져 있습니다.

받침점으로부터 **'거리×힘'**이 같을 때,
양쪽은 균형을 이루는데,
받침점인 저울의 중심에서 양쪽 접시가 떨어진 거리가
같으므로, 양쪽 접시에 누르는 힘인 물체의 무게가
양쪽이 같을 때 수평이 됩니다.
양팔저울과 윗접시저울은 몸무게가 같은 두 친구가
시소를 타는 것과 같습니다.

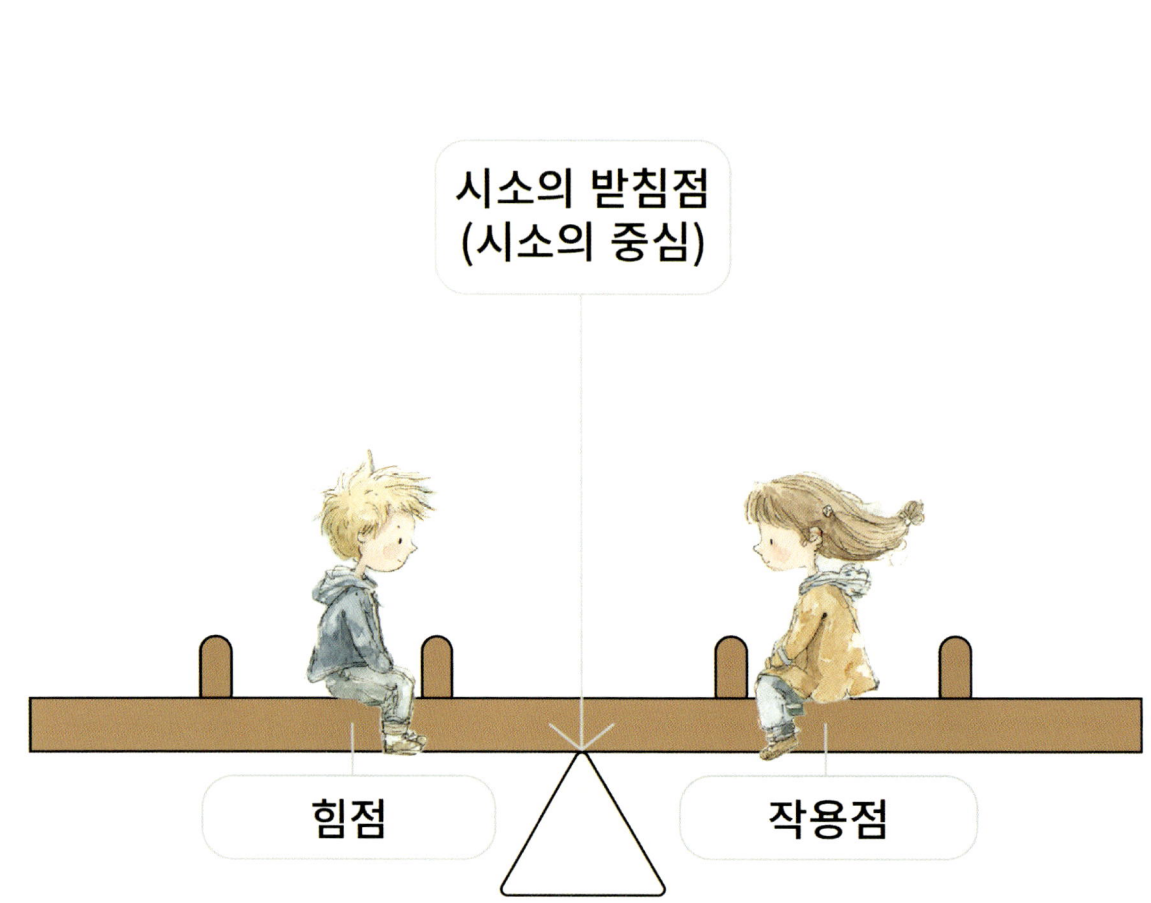

시소와 저울은 지레와 구조가 같습니다.

지레는 받침점으로부터 **'거리×힘'**이 같으면 양쪽이 수평을 이루는 수평잡기의 원리를 사용합니다.

지레는 **받침점, 힘점, 작용점** 으로 이루어져 있습니다.

받침점은 지레가 **회전하는 축**입니다.
시소에서는 가운데 있는 받침점을 축으로
내려갔다 올라갔다 합니다.

힘점은 내가 **힘을 주는 곳**을 말합니다.
시소에서는 내가 앉은 곳이 힘점이 됩니다.

작용점은 **힘을 받아서 움직이는 곳**을 말합니다.
시소에서는 나의 반대편에 앉은 친구의 자리가 작용점입니다.

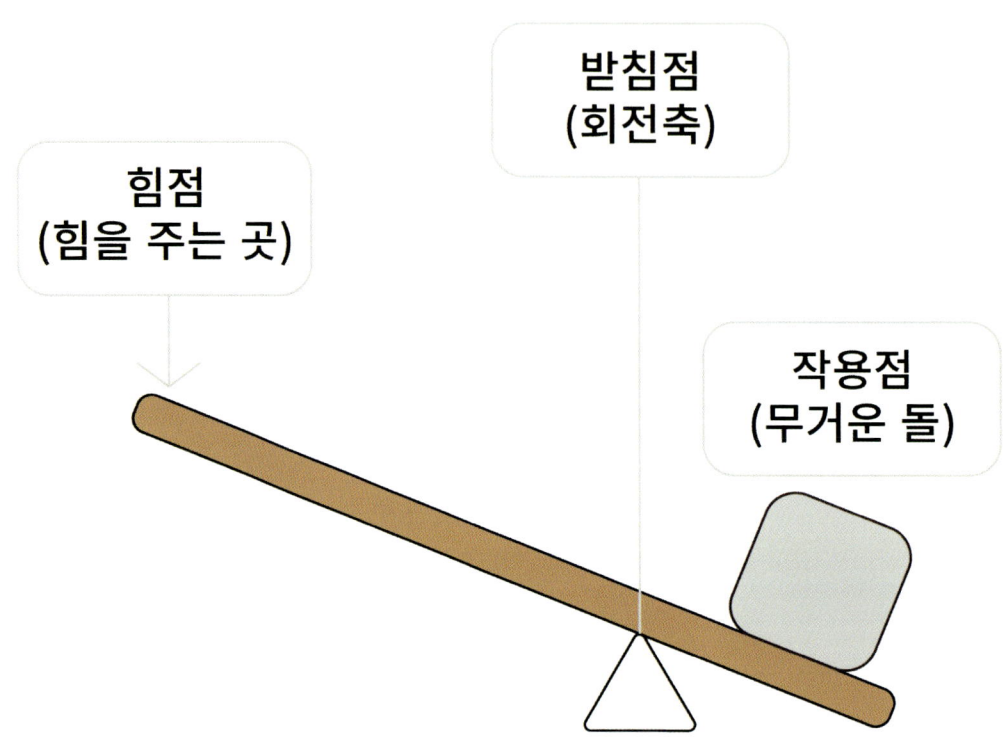

힘점과 작용점에서 받침점까지

'거리×힘'이 같으면 균형을 이루므로,

받침점에서 먼 힘점에서 작은 힘으로 밀어도,

받침점에서 가까운 작용점에 있는 무거운 돌을 들 수 있습니다.

시소 끝에 앉은 몸무게가 가벼운 아이가

시소 앞에 앉은 몸무게가 무거운 어른을 드는 것과 같습니다.

문도 시소와 같은 수평잡기의 원리로 움직입니다.

문과 벽을 이어주는 부분을 경첩이라고 합니다.

주변에 있는 문을 관찰해 볼까요?

문을 여는 손잡이는 문을 고정하고 받쳐주는 경첩에서

가장 먼 곳에 있습니다.

지레의 **받침점**은 지레가 **회전하는 축**이라고 하였습니다.
문을 열고 닫을 때는 경첩이 문을 받쳐주는
받침점 역할을 합니다.

시소는 받침점이 가운데에 있지만,
문은 받침점인 경첩이 끝에 있습니다.

받침점이 가운데 있는 시소를 1종 지레라 하고,
받침점이 끝에 있는 문을 2종 지레라고 합니다.

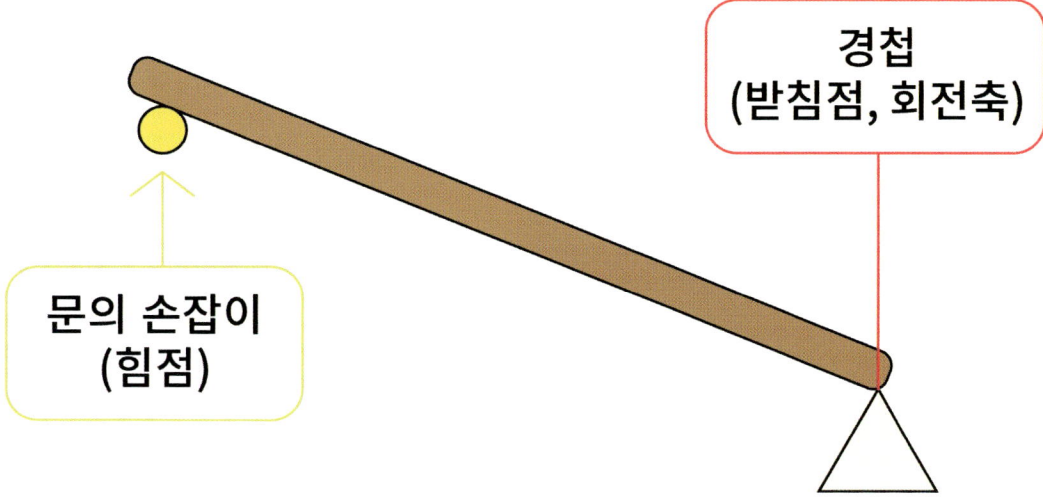

문을 위에서 본 모습

문의 손잡이 (힘점)

경첩 (받침점, 회전축)

받침점에서 **'거리×힘'**이 같을 때 수평을 이룬다고 했지요?

받침점인 경첩 쪽으로 갈수록 **'거리×힘'**에서 거리가 짧아져 문을 미는 데 힘이 많이 듭니다.

가장 적은 힘으로 문을 밀기 위해서 받침점인 경첩에서 가장 먼 곳에 문을 미는 손잡이를 설치합니다.

자동차 핸들도 마찬가지입니다.

실제로 자동차의 방향을 바꾸는 부분은 핸들의 중심부지만,

'거리×힘'이 같으면 균형을 이루는 성질에서

힘을 줄이기 위해 중심부 주변에 핸들을 설치하여

작은 힘으로 자동차 방향을 바꿉니다.

배에서도,
실제로 배의 방향을 바꾸는 부분은 배 키의 중심 부분이지만,
'거리×힘'이 같으면 균형을 이루는 성질에서 힘을 줄이기
위해 거리를 늘려 배의 키 중심부 주변에 핸들을 설치하여
작은 힘으로 배의 방향을 바꿉니다.

주변에 가벼운 책이 있나요?

책을 손가락 위에 올렸을 때 책이 한쪽으로 쓰러지지 않고 수평을 잡는 곳을 찾아볼까요?

손가락 위에 책의 가장자리를 올리면 책이 쓰러지지만,
손가락 위에 책의 가운데 부분을 올리면
책이 쓰러지지 않고 버틸 거에요.

책이 쓰러지지 않고 버티는 책의 가운데 지점처럼,
물체가 쓰러지지 않고 균형을 이루는 점을,
물체의 **무게중심**이라고 합니다.

물체를 이루는 물질이 동일하고, 물체가 대칭을 이룰 경우,
물체가 쓰러지지 않고 버티는 무게중심은
보통 가운데에 생깁니다.

물체는 무게중심 위에서 버티기 때문에,
무게중심을 축으로 회전할 수 있어요.
책의 가운데 부분을 손가락으로 버티면서
회전하면 책을 돌릴 수 있어요.

무게중심
(쟁반의 가운데)

마찬가지로, 쟁반을 막대 위에서 돌릴 수도 있어요.

쟁반의 무게중심인 가운데 부분을 막대 위에서 돌리면,

쟁반이 쓰러지지 않고 균형을 이루며 회전합니다.

이것을 전래놀이에서 '버나 돌리기'라고 하지요.

주의! 안전을 위해 쟁반 돌리기는 집에서 따라하지 마세요.

선생님과 함께 안전한 플라스틱 쟁반으로 수업시간에 진행합니다.

물체에서 균형을 이루는 중심점인, 무게중심은,

물체의 무게가 모여 있다고 생각할 수 있는 점이에요.

그래서 무게중심에 막대나 손가락을 올리고 회전하면

물체를 돌릴 수 있지요.

지레의 **받침점**은 지레가 **회전하는 축**이라고 했어요.

막대를 쟁반의 중앙에 두면,

무게중심과 받침점이 같아져 안정적으로 회전합니다.

막대가 중앙에서 벗어나면 무게중심과 받침점이 어긋나

불안정해지고 책과 쟁반이 흔들립니다.

무게중심인 쟁반의 가운데를 받침점 삼아

회전시키는 거랍니다.

받침점이 무게중심과 일치하면 안정적으로 회전할 수 있어요.

받침점이 무게중심에서 벗어나면

한쪽으로 기울어져 떨어지기 쉬워요.

뉴턴의 사과나무 이야기를 아시나요?

뉴턴이 사과나무 밑에 앉아 있다가,

사과가 땅으로 떨어지는 것을 보고

지구가 물체를 지구 중심으로 끌어당기는 중력을 발견했어요.

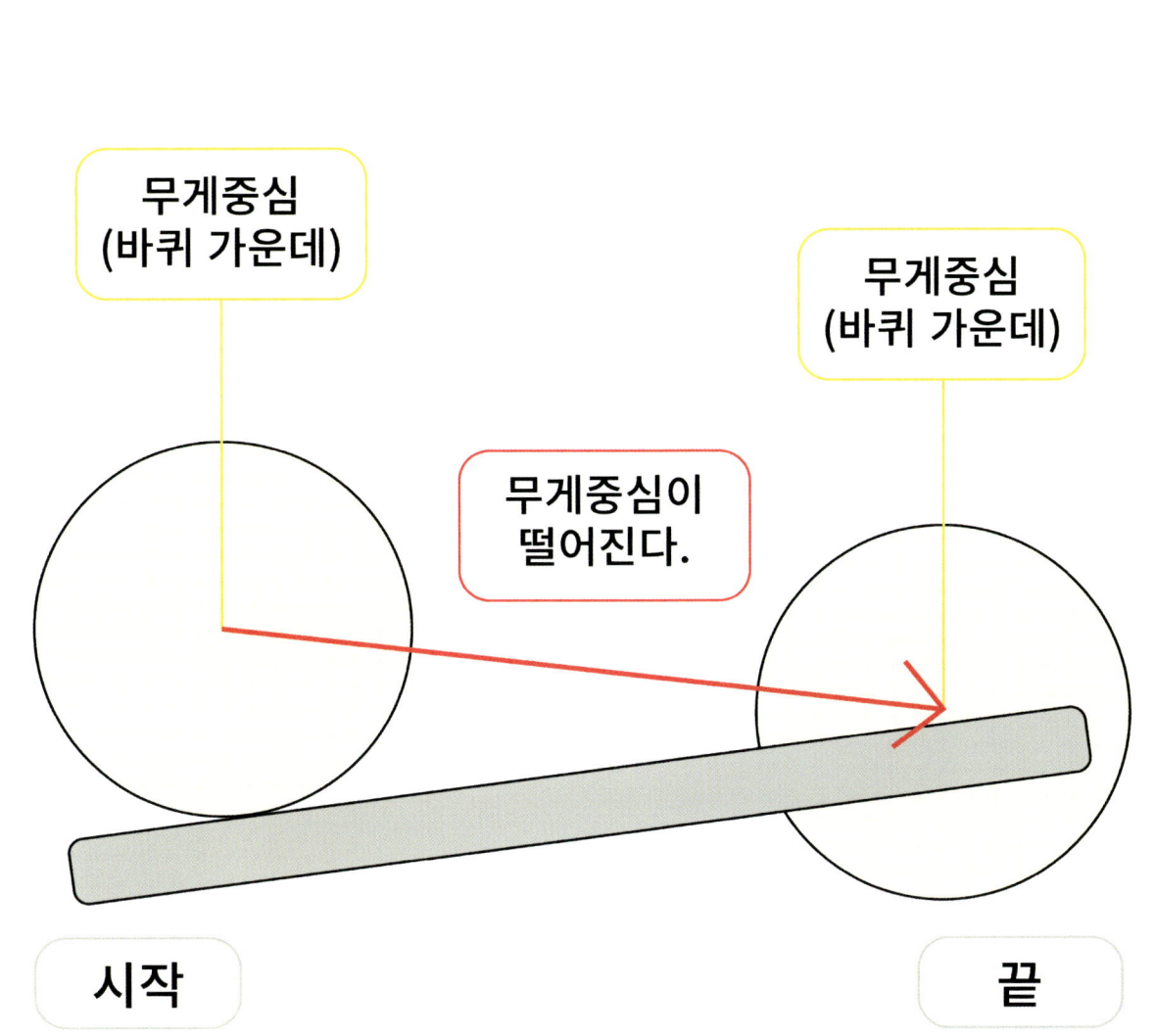

과학관에 가면

거꾸로 오르는 바퀴라는 신기한 바퀴가 있어요.

바퀴를 **옆에서 관찰**하면,

다리 위로 올라가는 것으로 보입니다.

뉴턴에 의하면 바퀴는 땅으로 떨어져야 할텐데,

다리를 점점 올라가는 바퀴는 중력을 거스르는 걸까요?

바퀴의 가운데 부분인 무게중심을 살펴보면 비밀을 알게 됩니다.
물체에서 균형을 이루는 중심점인 무게중심은,
물체의 무게가 모두 모여 있다고 생각할 수 있는 점이에요.

바퀴는 다리 위를 올라가는 것으로 보이지만,

무게중심인 바퀴의 가운데를 축으로 회전하는 바퀴를 관찰하면,
바퀴의 무게중심인 가운데 부분은
중력을 받아 아래로 떨어지고 있답니다.

옆에서 관찰하면 바퀴의 무게중심인 가운데 부분이
높은 곳에서 낮은 곳으로 떨어지는 모습을 관찰할 수 있습니다.
바퀴의 비밀을 살펴보기 위해 이번에는 위에서 관찰해 볼까요?

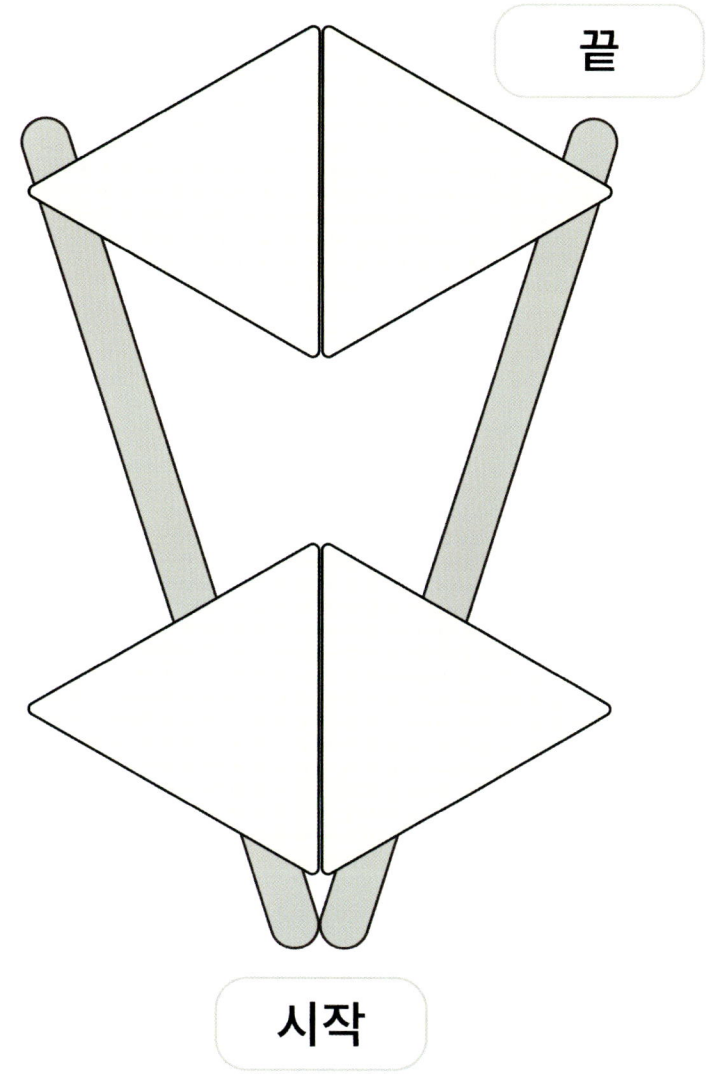

위에서 관찰하면 다리는 V자 모양으로 벌어져 있고,

옆에서 보았을 때 원이었던 바퀴는 위에서 보았을 때 원뿔팽이

모양입니다. 비밀은 바퀴를 올린 V자 모양의 다리에 있습니다.

V자 다리의 시작점은 좁습니다.

하지만 끝으로 갈수록 점점 넓어집니다.

V자 다리의 시작점이 좁아 팽이의 무게중심은 높게 떠 있지만,

V자 다리가 넓어지며 원뿔팽이의 무게중심이

점점 내려오게 되지요. 무게중심을 이용한 재미있는 실험입니다.

무게중심
(고리 가운데)

가운데가 뻥 뚫린 링의 경우, 가운데가 비어 있지만,

전체 모양이 상하좌우 같은 대칭을 이뤄요.

링의 무게중심은 가운데 빈 공간의 한가운데 점에 있습니다.

가운데가 뻥 뚫려 있어도, 링의 무게중심은

링의 가운데인 빈 공간의 중심점에 있어요.

줄 사이에 링을 넣어봅시다.

링을 잡고 떨어뜨리면 그대로 떨어집니다.

마치 우리가 다이빙을 할 때 물 속에 그대로 떨어지는 것처럼요.

다이빙 선수들은 회전하며 떨어집니다.

주의! 안전사고를 예방하기 위해
다이빙 선수의 동작을 절대 따라하지 마세요.

다이빙 선수가 회전하며 입수하는 것처럼

링도 가운데 무게중심을 축으로

멋지게 회전하며 떨어질 수 있습니다.

주의! 위험하니 다이빙 선수의 동작을 절대 따라하지 마세요.

무게중심
(고리 가운데)

링의 한쪽은 검지, 중지 손가락 사이에 잡아주세요.

링의 반대쪽은 엄지 손가락으로 살포시 잡아주세요.

검지, 중지 손가락은 가만히 있고, 엄지손가락만 살짝 벌려 보세요.

링의 무게중심인 가운데를 축으로 링은 회전하면서 떨어집니다.

링이 회전하면서 줄을 감게 되어 줄이 링에 묶이게 되지요.

원형 링이 익숙해지면,
하트모양 링도 같은 방법으로 줄에 감아
목걸이를 만들 수 있답니다.

-끝-

수평잡기와 지레의 원리

과학커뮤니케이터 수소가 들려주는 과학 이야기 1권은
아르키메데스가 발견한 부력의 원리를 밀도의 관점에서 설명하였습니다.

아르키메데스는 또한 "설 자리와 매우 긴 지레를 주면, 지구를 들어올리겠다."
는 말을 남겼습니다.

과학 이야기 2권 **수평잡기의 원리**는 위대한 과학자 아르키메데스가
발견한 또 다른 원리인 **'지레의 원리'**와 같습니다.

아르키메데스는 **받침점**을 기준으로 양쪽의
'힘 × 거리'가 같으면 수평을 이룬다는 지레의 원리를 발표하였습니다.

추후 아르키메데스의 지레의 원리는 갈릴레오, 뉴턴을 거쳐 근대 물리학
시기에 **'돌림힘 (Torque, 토크 = 힘 × 거리)'** 이라는 용어로
수학적으로 정리됩니다.

수평잡기의 원리를 이용한 모빌

천장에 매달린 모빌은 수평잡기의 원리로 만들어졌습니다. **'힘 × 거리'** 가 같으면 균형을 이루는 수평잡기의 원리를 이용하여 여러 물체의 **'힘 × 거리'** 를 계산하여 균형을 맞춘 모빌을 만들 수 있습니다.

지레의 종류

지레는 힘점, 받침점, 작용점의 위치에 따라
1종 지레, 2종 지레, 3종 지레로 나눕니다.

1종 지레, 2종 지레는 힘의 이득을 보기 위해 사용합니다.
즉, 무거운 물체를 들기 위해 1종 지레와 2종 지레를 사용합니다.

3종 지레는 힘에서 손해를 보지만 정교한 작업을 위해 사용합니다.

받침점의 위치로 보면,
1종 지레는 힘점과 작용점 사이에 받침점이 있습니다.

2종 지레와 3종 지레는 받침점이 끝에 있습니다.

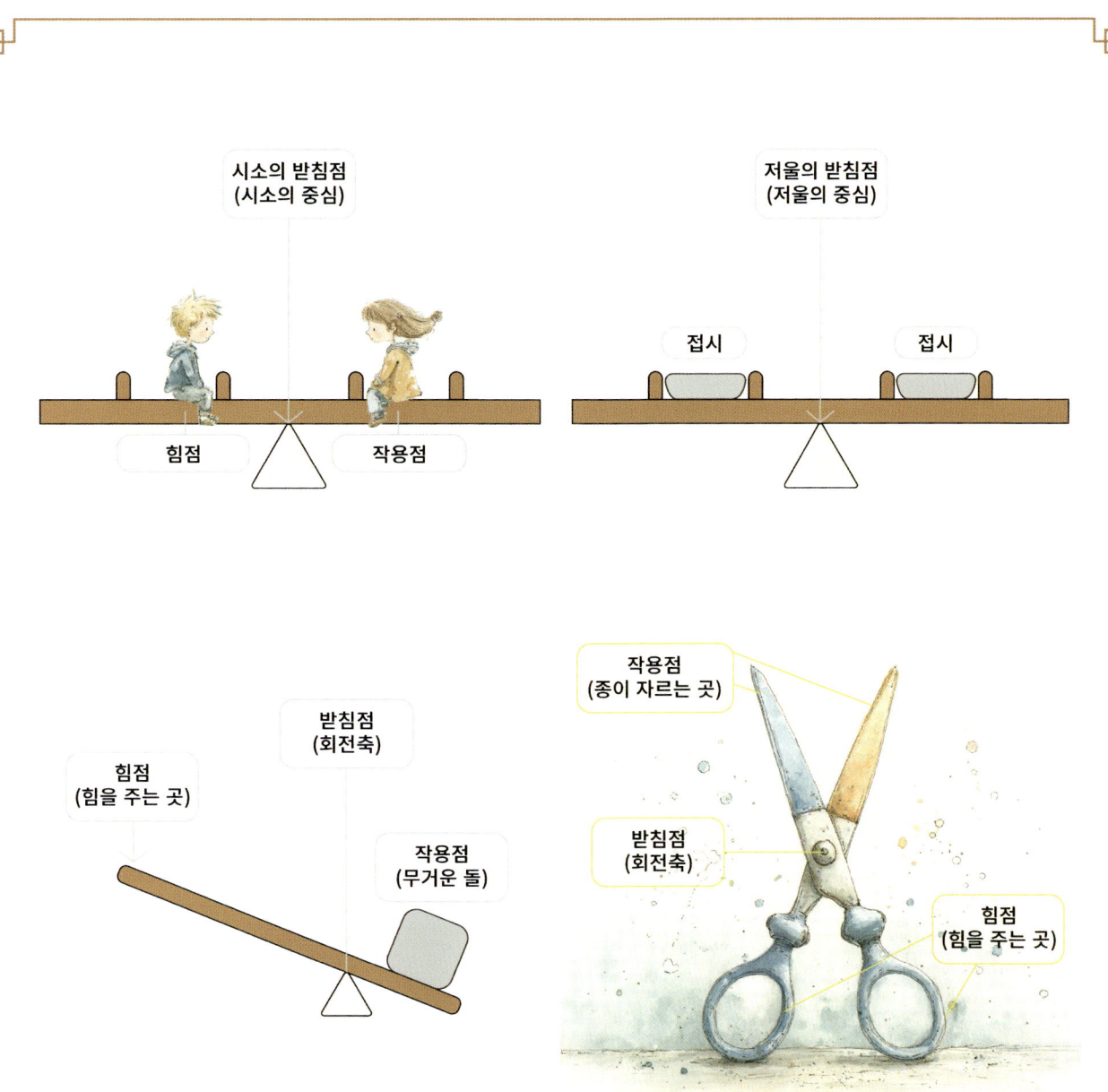

1종 지레의 예

1종 지레는 힘점 – 받침점 – 작용점 순서로 되어 있습니다.
이렇게 받침점이 힘점과 작용점 사이에 있는 지레를
1종 지레라고 합니다.

앞에서 설명한 시소, 윗접시저울, 양팔저울, 그리고 받침점을
무거운 돌 쪽에 가깝게 두어 쉽게 들어올리는 지레의 경우
모두 1종 지레입니다. 또한, 가위도 1종 지레입니다.

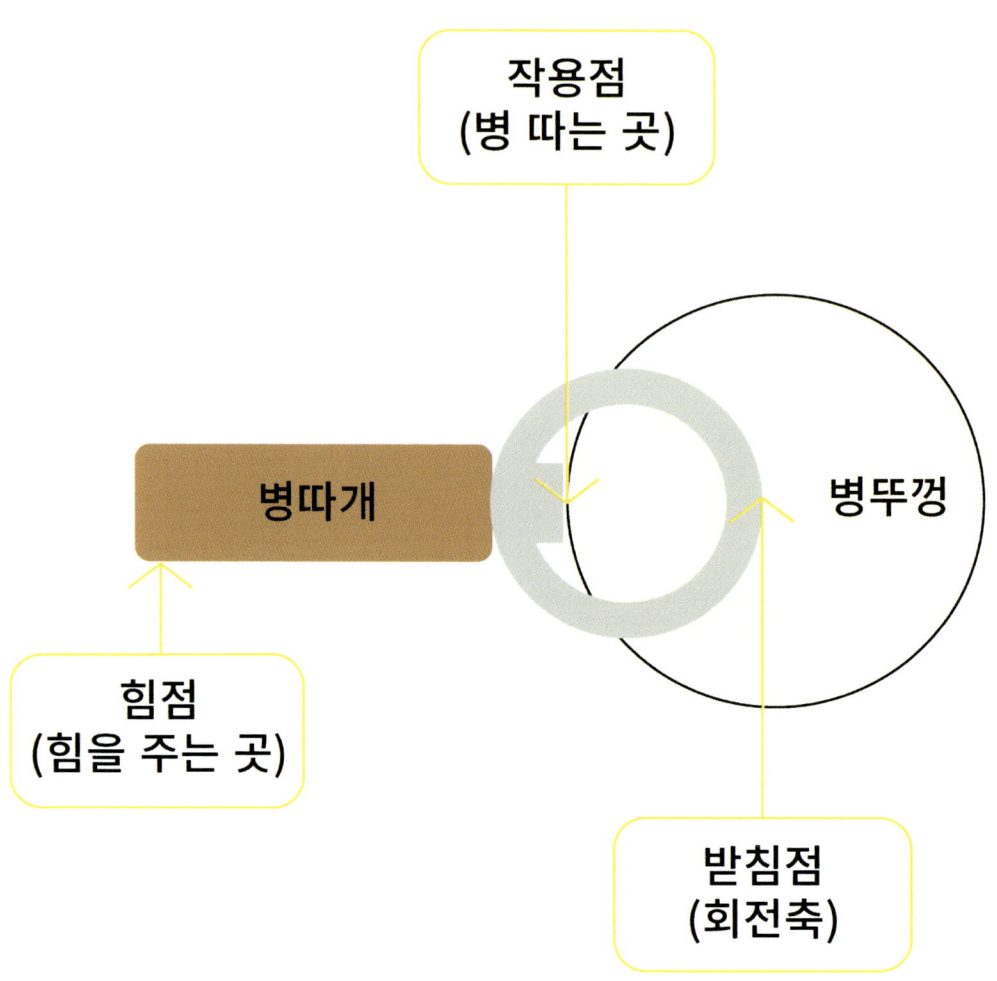

2종 지레 병따개

2종 지레는 힘점 – 작용점 – 받침점 순서로 되어 있습니다.

2종 지레는 힘점과 받침점이 양 끝에 있고, 작용점이 그 사이에 옵니다.

2종 지레의 대표적인 예는 병따개가 있습니다.

병따개는 받침점인 병따개의 끝을 병에 고정시키고 작용점인

가운데 병따개 부분으로 병을 땁니다.

힘을 주는 힘점이 받침점 반대쪽 끝에 있어서

작은 힘으로도 병따개를 쉽게 딸 수 있습니다.

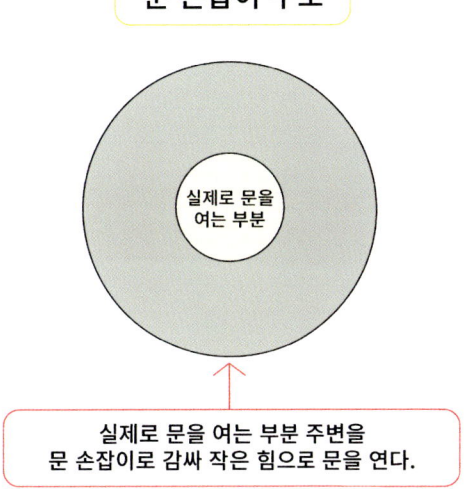

2종 지레의 예

책에서 설명한 문, 자동차 핸들, 배의 키 모두 2종 지레입니다.

또한, 문을 여는 손잡이도 안쪽 중앙에 있는 작은 부분을 돌리기 위해 손잡이를 설치합니다.

문의 손잡이는 자동차 핸들과 마찬가지로 2종 지레입니다.

열고 닫는 문을 보면

경첩과 연결된 문의 구조가 2종 지레이고,

문의 손잡이 또한 2종 지레입니다.

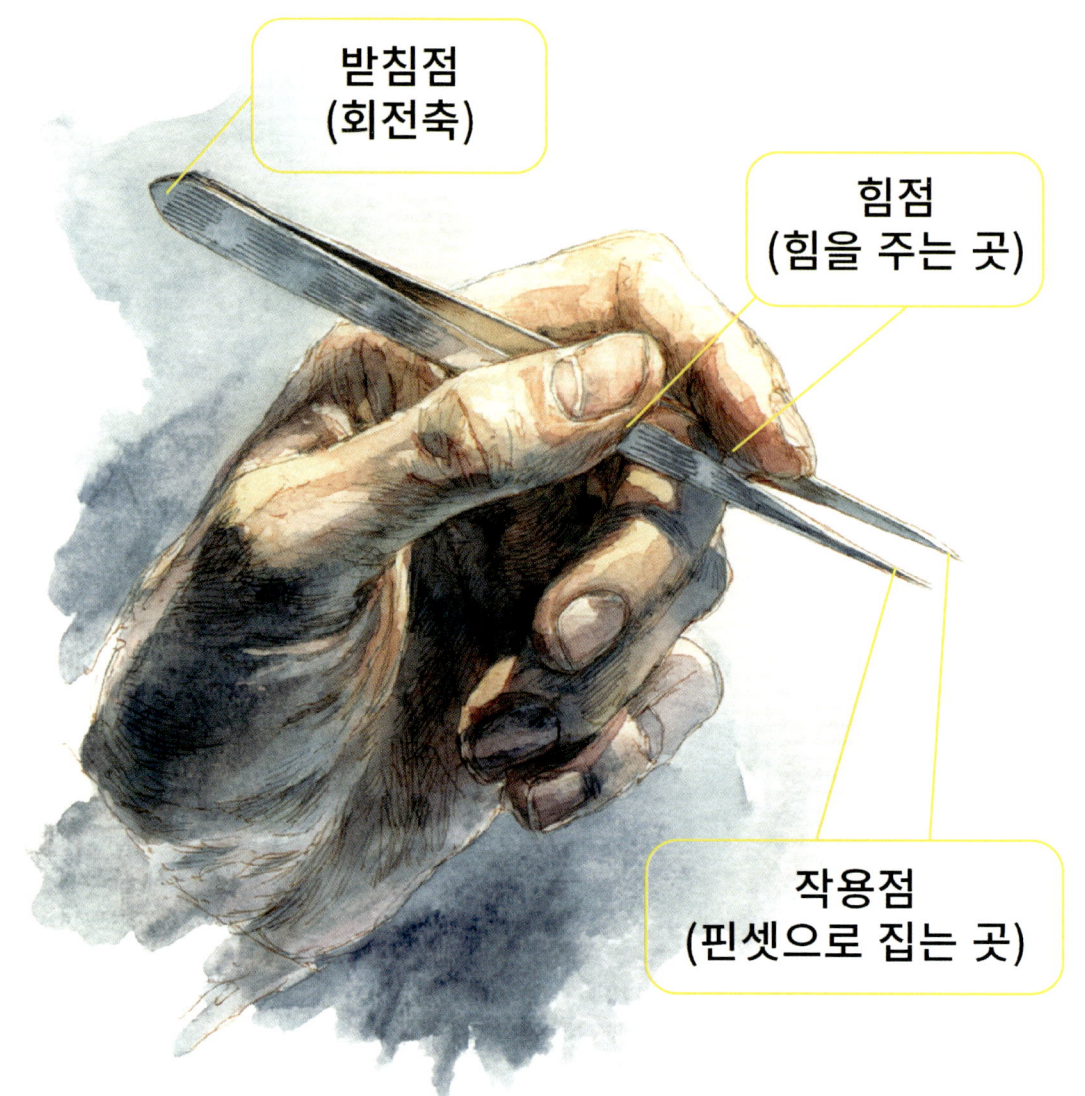

받침점
(회전축)

힘점
(힘을 주는 곳)

작용점
(핀셋으로 집는 곳)

3종 지레의 예

3종 지레는 받침점 – 힘점 – 작용점 순서로 되어 있습니다.

3종 지레는 받침점과 힘점 사이 거리가 받침점과 작용점 사이 거리보다 가깝기 때문에, 작용점보다 힘점에 더 많은 힘을 주어야 하지만, 정교한 작업을 하는 데 사용됩니다.

핀셋으로 물체를 집는 경우, 젓가락질을 하는 경우,

그리고 연필로 글을 쓰는 경우 모두 3종 지레에 해당합니다.

3종 지레의 예

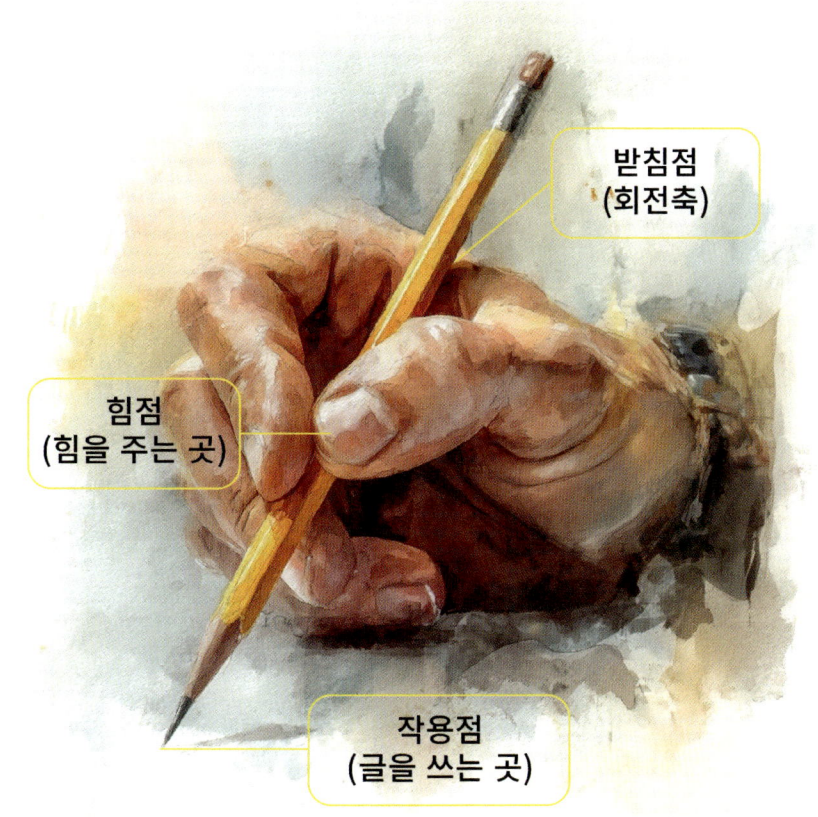

맺음말

안녕하세요? 과학커뮤니케이터 수소가 들려주는 과학 이야기
1권 아르키메데스의 원리에 이어 2권 수평잡기의 원리를 발간하였습니다.
2권 수평잡기의 원리 또한 위대한 수학자이자 과학자였던 아르키메데스 선생님이
정리한 **지레의 원리**를 토대로 합니다.

수평잡기의 원리는 초등학교 4학년 과학 시간에 다룹니다.
이 책은 선생님이 학교와 기관에서 수평잡기의 원리를 재미있게 지도하기 위해
집필한 책이어서 친구들이 읽다가 잘 이해가 안 가는 부분이 있을 수 있습니다.
그럴 경우 저자 메일로 질문해 주시면 답변드리겠습니다.

책에 플라스틱 접시를 돌려보는 쟁반 돌리기 활동은 선생님은 말랑한 소재의
플라스틱과 플라스틱 막대를 사용합니다.
안전사고의 위험이 있으니 절대 집에서 혼자 하면 안 됩니다.
그리고 다이빙 선수의 동작은 고리를 줄에 감는 원리를 설명하기 위해 넣은 그림으로,
절대 따라하면 안 됩니다.

무게중심과 관련된 쟁반 돌리기 활동과 링으로 목걸이 만들기 활동은
나중에 선생님 강연에서 직접 만나서 해 봅시다.

궁금한 점은 저자 메일 seradeus@naver.com 으로 질문해 주시면 답변드리겠습니다.
감사합니다.

과학커뮤니케이터 수소 이정원 드림